创意数学：我的数学拓展思维训练书
MATH POTATOES

食物中的数学

[美]格雷戈·唐◎著　　[美]哈利·布里格斯◎绘

小杨老师◎译

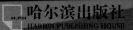

哈尔滨出版社
HARBIN PUBLISHING HOUSE

作者手记

　　人们常常问我："你为什么要写书？"答案很简单，我想让孩子们的数学学习变得轻松。据我观察，周围许多孩子都用复杂的方法来解数学题。做加法的时候，他们会一个个数；做乘法的时候，又把数字一个个加起来。孩子们本可以理解一些问题，却选择了死记硬背，怪不得他们认为数学很难！

　　在我看来，数学本应很简单。我写《食物中的数学》的目的是帮助7～12岁的孩子来学习一些常用的计算技巧，让算术变得又快又容易。在每个问题里面，我故意设置了一些迷惑信息，利用颜色、空间和线条等视觉差异把一些能高效计算的分组隐藏起来，凸显出效率低的计算分组。这样做是为了给孩子们挑战，让他们更多地思考，用聪明的、非常规的方法来解决问题。

　　这本书里，我主要集中训练孩子们三方面的能力：第一，掌握加法的诀窍。像10和15这样的数字很容易计算，孩子们可以在解题的时候随时找找这类数字。第二，找出规律性和对称性。找出重复的分组会让问题变得简单。第三，找到相同大小的组。相同大小的组可以让加法变成乘法，减少错误的发生，加快运算速度。

　　《食物中的数学》是这一系列图书的第七本，正如其他书一样，这本书里用童谣般的文字和生动的插图来形象地表现数学。我希望我的书能鼓励孩子们找到更聪明、更简单的方法学数学，也希望这本书能给世界各地的孩子提供一顿健康的"数学大餐"！　祝你有个好胃口！

格雷戈·唐

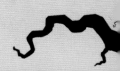

献给我爱的艾米丽。

——令你骄傲的爸爸格雷戈·唐

献给露露和艾德里安

——哈利·布里格斯

纸牌游戏

德州扑克、奥马哈，
还有梭哈也常玩。

纸牌游戏有诀窍：
留牌、加注和弃牌。

把所有牌面数字来相加？
这个问题并不难。

顺子，同花，一对 3，
试试每组里面选一张，
问题就迎刃而解啦！

短袜舞会

袜子们聚在一起开舞会，
大部分成双对，也有些是单只。

它们都在尽力跟上节奏，
就别在意落单的袜子了！

架上一共挂着多少只袜子？
它们在兴奋舞蹈，大声歌唱！

找出五只袜子组成一组，
准备好一起跳跃、摇摆吧！

主场　　　客场

时间

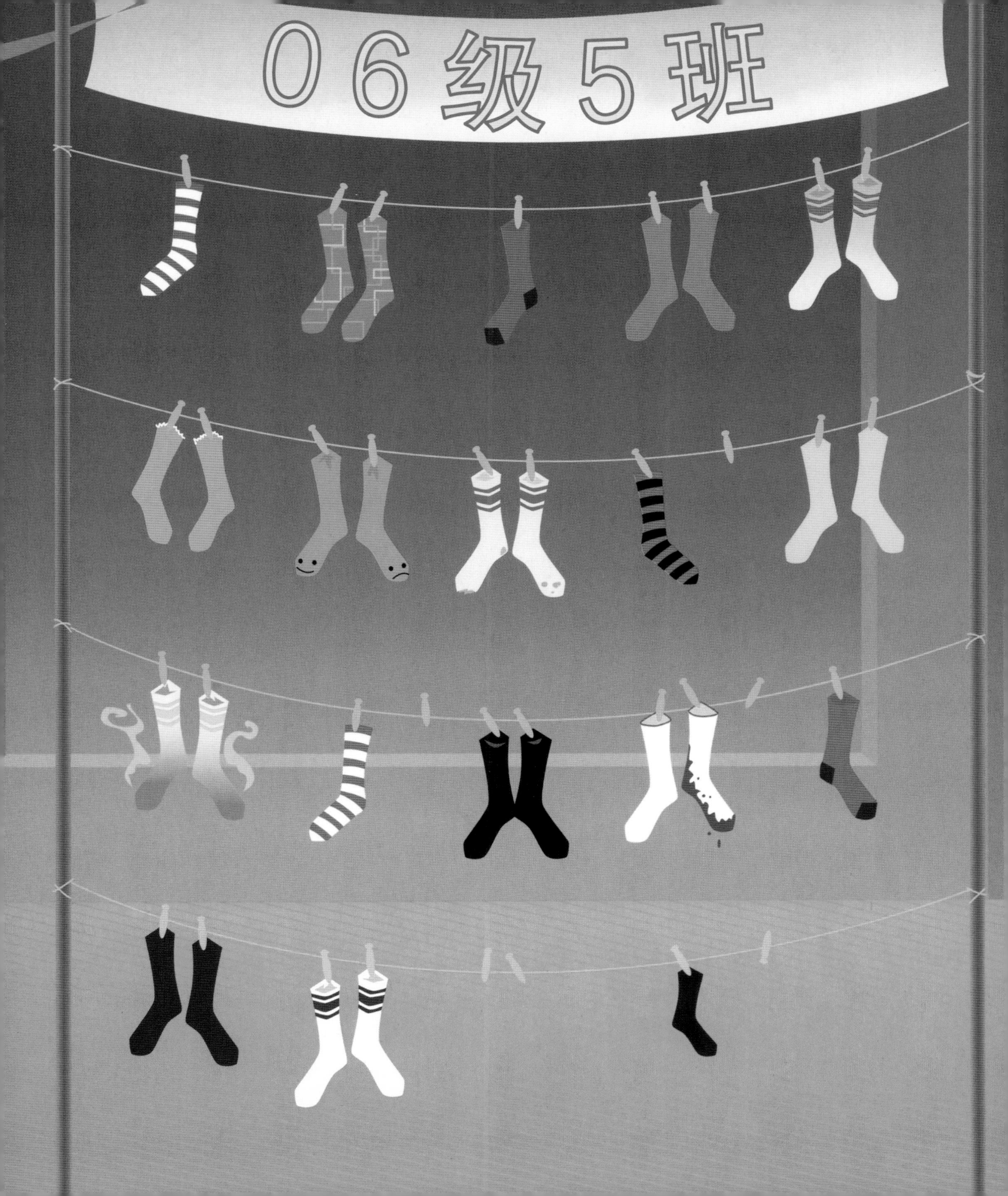
06级5班

蔬菜小霸王

南瓜会把你压扁在地上，
甜菜会把你打得落花流水。

洋葱会揍你的眼睛——
它们都能让你哭出来！

数数看，有多少蔬菜小霸王？
不要怕，告诉你一个诀窍。

假定每个组都有三个，
再减掉那些看不到的。

令人惊叹的贝壳

我从来都没想过，
贝壳里能装下海。

把贝壳放到耳边，
能听到海浪的声音！

多少贝壳被冲上了岸？
找个聪明办法来计算。

试试框成几个正方形，
记住不要重复计算哦。

七颗星星

我仰望着漫天星星，
冒出很多想法和问题。

行星、恒星和银河，
都是发现过去的"眼睛"。

闪亮的星星有多少颗？
答案近在眼前。

试着把天上的星星，
分成七颗一组！

坚果的家

花生烤得又干又脆，
果仁就藏在壳里面。

一束光照进小小裂缝，
果仁现在暴露啦！

这包零食有多少颗花生？
用聪明的办法来找答案。

不要直接去相加，
两行花生来相凑。

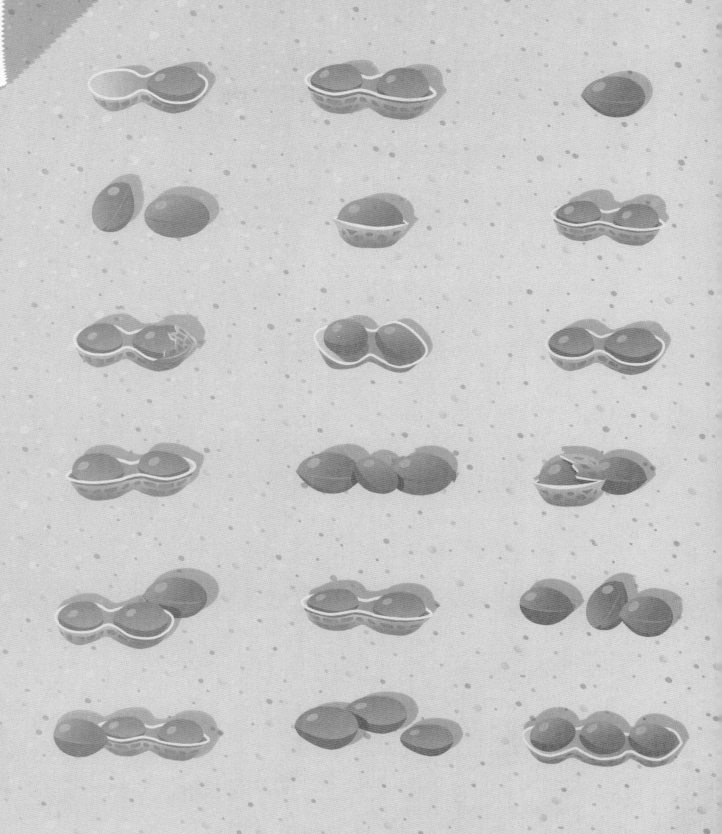

蜘蛛倒挂

哦！快看我们织出的网，
成功骗到了蚊子和苍蝇。

光滑的丝线编织成网，
抓住空中毫无察觉的猎物！

大自然冷酷又无情，
有多少蜘蛛在等待？

试试用减法，
困境就摆脱！

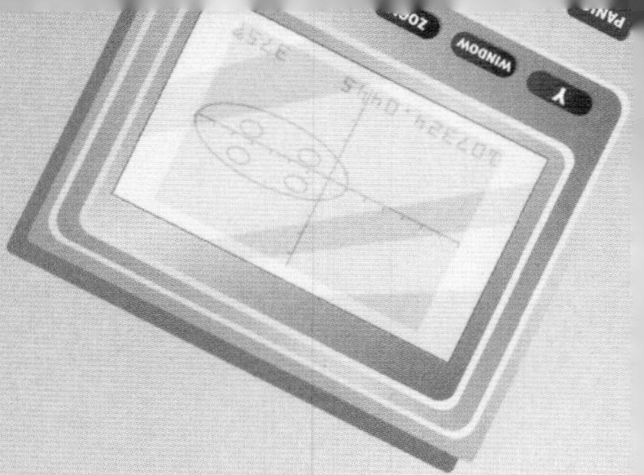

完美的饼干

一块歪歪扭扭的面团，
只要放到烤箱里加热，

很快就变成完美的甜点，
大家都觉得好吃！

数一数，饼干上有多少颗巧克力豆？
给你一个有用的小提示。

先找到一个正方形，
再把剩下的数值加起来！

完美的饼干
4 片

制作日期 12.03

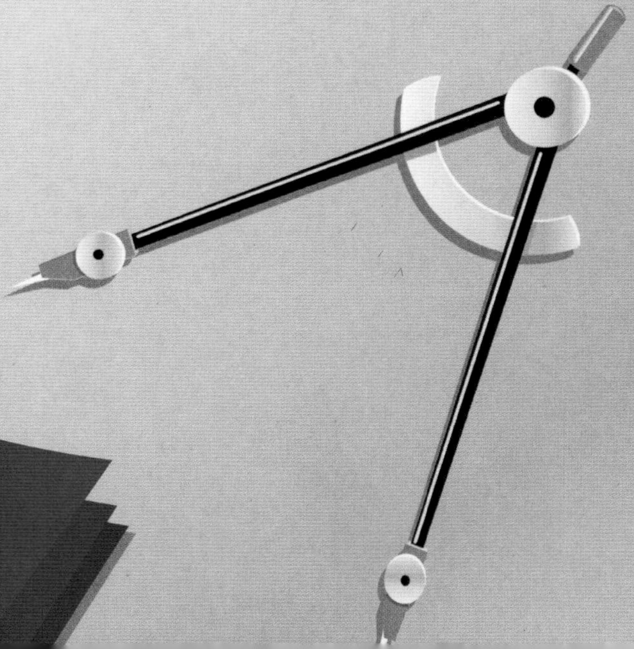

昙花一现

想要成为一位音乐明星，
需要有很多的保留节目。

可我只知道一首歌，
"筷子"也不够长！

这张乐谱上有多少个音符？
聪明的你一定不会数错拍！

与其一排一排相加，
按列相加是更好的方法！

青蛙之路

土豆中的数学

清蒸烘烤，经常被捣烂，
剥皮油炸，有时还剁碎。

怪不得土豆要藏起来，
被发现的后果不堪设想！

快来数数，
有多少可怜的土豆？

它们十个一组在哭诉：
"请不要把我们炸成薯条！"

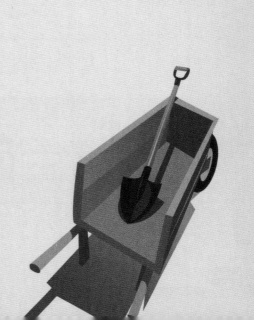

甜甜的松饼

做早餐有很多乐趣，
一起做些小蛋糕吧。

不是高高的蛋糕塔，
而是扁扁的松饼！

你可以吃多少个松饼？
快点吃！别弄脏厨房。

凑个整数是不错的办法，
可别忘了最后做减法哦！

洁白的珍珠

买珍珠的时候你需要知道，
法语中"faux"是假的意思。

如果珍珠比牙齿还光滑，
你就该知道它们是假的。

这些珍珠是如此珍贵！
快数数，有多少颗呢？

一颗一颗数不明智，
成倍计算三次更简单！

玫瑰之战

给我的伴侣一束玫瑰，
她却认为我十分讨厌！

忘了她即将到来的生日，
今晚我只好在小床上睡。

你可以数一数有多少玫瑰吗?
也许它们能治愈我的悲伤。

不要横向或纵向相加，
算对我才能得到原谅！

情人小径

皇帝的新衣

说起穿正装，
企鹅可是最帅的。

穿着小小燕尾服，
简直像亿万富翁！

红毯上有几只企鹅?
请优雅地把它们加起来。

如果想快速得出答案，
有品位的人会将它们等分！

私人派对

酸黄瓜

如果你心情正不好，
酱菜是你最好的选择。

有的酸，有的甜，
不管哪种都好吃！

罐子里有多少酸黄瓜？
数不过来试着用减法。

想象每行有八根，
再做减法就对了！

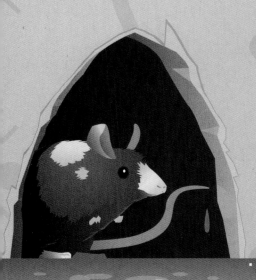

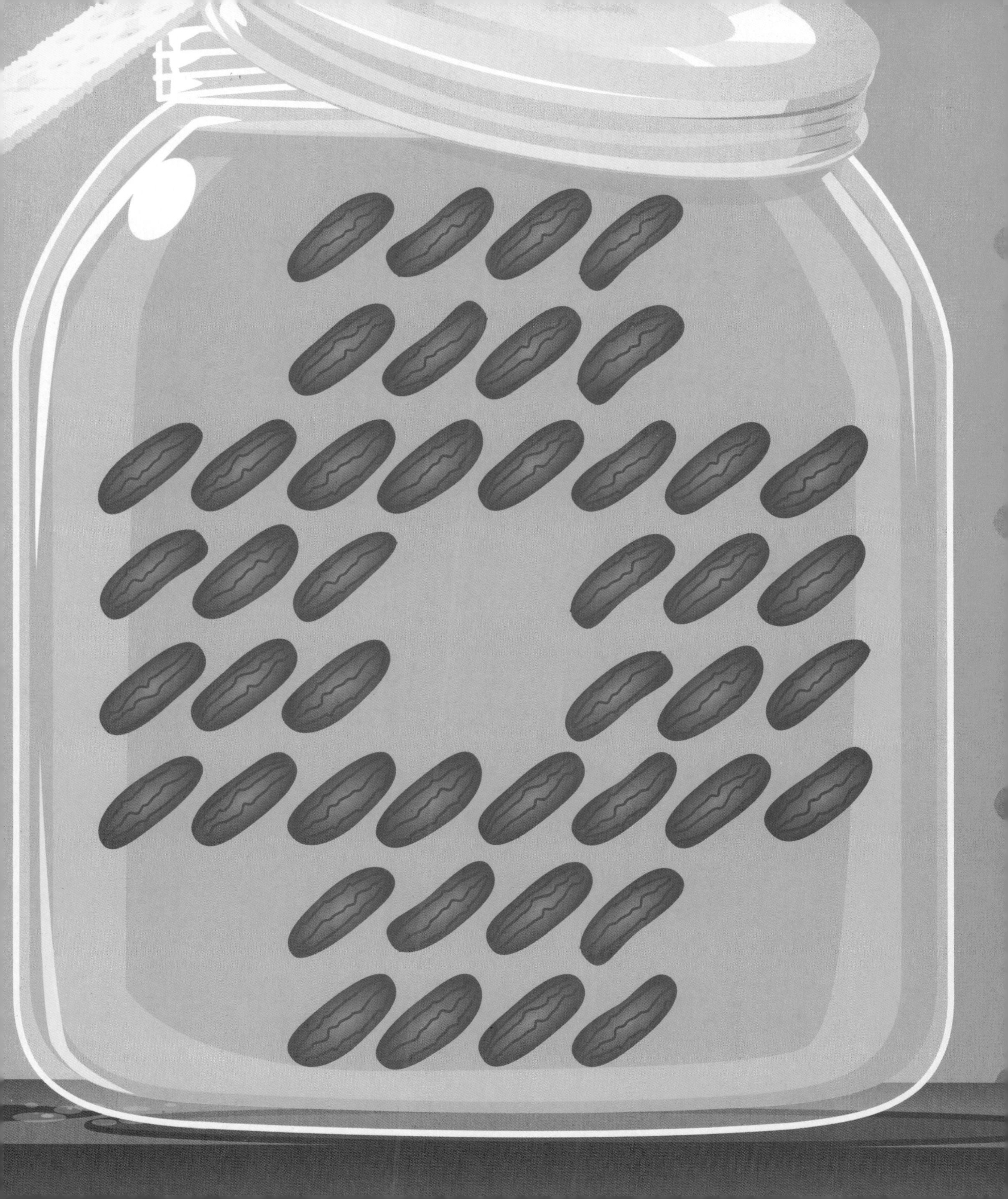

松果之床

巨大的松树高高伸向天空，
松果成熟后如弹雨般坠落。

用一地松针搭一个窝，
找片柔软阴凉地休息。

地上有多少颗松果？
试着把它们挪挪位置。

把空缺的地方填满，
算对才能安心休息！

参考答案

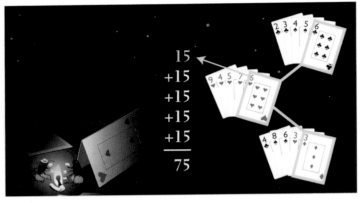

纸牌游戏

不要把每副牌上的数字相加再求和，从每副牌中选出一张扑克，凑成 3 张一组。这样能得到 5 组扑克，每组和为 15，所以一共是 75。

$5 \times 15 = 15 + 15 + 15 + 15 + 15 = 75$

或者这样算，$5 \times 15 = 10 \times 15$ 的一半 $= 75$

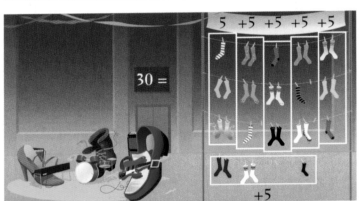

短袜舞会

如果可以的话，找到容易求和的数字组合再相加。这些袜子可以分成 6 组，每组 5 只，一共是 30 只袜子。

$6 \times 5 = 5 + 5 + 5 + 5 + 5 + 5 = 30$

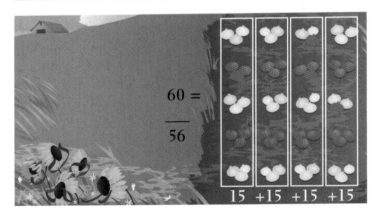

蔬菜小霸王

假设多加 4 个洋葱，让每组都有 3 个洋葱。所以每列会有 15（5×3）个洋葱。加起来一共有 60（4×15）个洋葱。

再把假设的 4 个洋葱减掉，最后还剩 56 个洋葱。

$(4 \times 15) - 4 = 56$

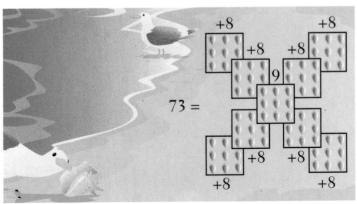

令人惊叹的贝壳

沿着中间有 9 个贝壳的正方形往外数，一共有 8 个正方形，每个正方形里有 8 个贝壳，一共有 64（8×8）个贝壳。再加上中间的那 9 个，总共有 73 个贝壳。

$9 + (8 \times 8) = 9 + 64 = 73$

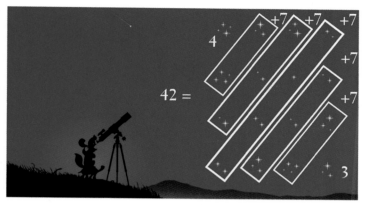

七颗星星

不要尝试行和列，试试斜着来相加。这样分成 6 组，每组 7 颗星星，一共是 42 颗星星。

$6×7 = 7+7+7+7+7+7 = 42$

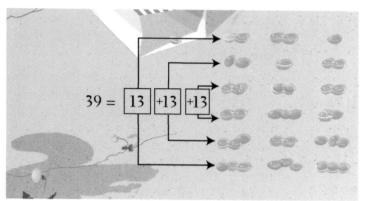

坚果的家

计算等差数列时，可以将第一个数字和最后一个数字加起来，把第二个和倒数第二个加起来，依此类推，得出相同的和。在这张图里，每组的和是 13，总共有 39 颗花生。

$3×13 = 13+13+13 = 39$

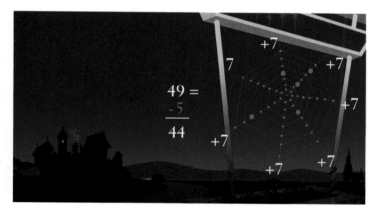

蜘蛛倒挂

假设网上的空位都有蜘蛛，那么一共就有 7 串蜘蛛，每串有 7 只，一共是 49 只蜘蛛。再把那 5 只假设的蜘蛛减掉，还剩下 44 只蜘蛛。

$(7×7) - 5 = 49 - 5 = 44$

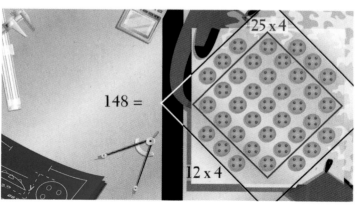

完美的饼干

斜着看，找到 5 行有 5 块饼干的正方形，一共有 25 块饼干。每块饼干上有 4 颗巧克力豆，所以一共有 100（25×4）颗巧克力豆。剩下的 12（4×3）块饼干上还有 48（12×4）颗巧克力豆，所以一共有 148 颗巧克力豆。

$(25×4) + (12×4) = 100 + 48 = 148$

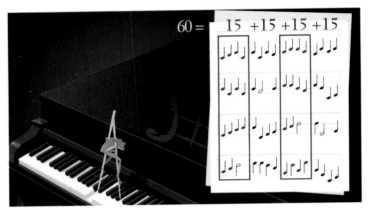

昙花一现

比起一行一行数，我们不如按列来分组。每组有 15 个音符，一共有 4 组。所以一共有 60 个音符。

$$4 \times 15 = 15 + 15 + 15 + 15 = 60$$

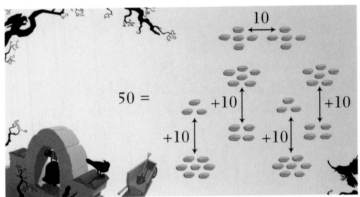

土豆中的数学

尝试找到容易求和的数字组合再相加。这些土豆可以两两配对，一共分为 5 组，每组和为 10。所以一共有 50 个土豆。

$$5 \times 10 = 10 + 10 + 10 + 10 + 10 = 50$$

或者这样算，$5 \times 10 = 10 \times 10$ 的一半 $= 50$

甜甜的松饼

每一列有 19（$5 + 4 + 3 + 4 + 3$）个松饼。假定每列多加 1 个松饼，凑成 20。这样一共有 4 列松饼，每列有 20 个，一共是 80 个松饼。再减掉之前假定的 4 个，所以实际上有 76 个松饼。

$$(4 \times 20) - 4 = 80 - 4 = 76$$

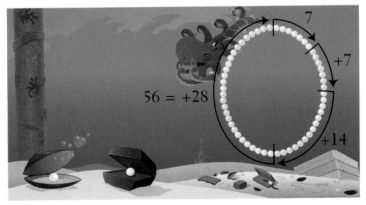

洁白的珍珠

仔细观察可以发现，这条珍珠项链是有对称性的，每组有 7 颗珍珠，一共 8 组。如果想要乘以 8，可以把 7 翻三番，7 翻一番是 14，翻两番是 28，翻三番是 56。

$$8 \times 7 = 7 + 7 + 7 + 7 + 7 + 7 + 7 + 7 = 56$$

玫瑰之战

与其按照行或者列计算，我们可以斜着来分组。每组有 15 朵玫瑰，有 5 组，所以一共是 75 朵玫瑰。

$5 \times 15 = 15 + 15 + 15 + 15 + 15 = 75$

或者这样算，$5 \times 15 = 10 \times 15$ 的一半 $= 75$

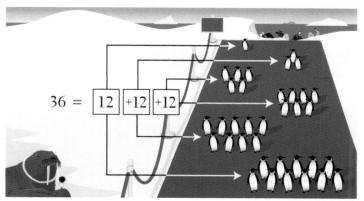

皇帝的新衣

计算等差数列时，可以将第一个数字和最后一个数字加起来，把第二个和倒数第二个加起来，以此类推，得出相同的和。在这张图里，每组之和为 12，总共有 36 只企鹅。

$3 \times 12 = 12 + 12 + 12 = 36$

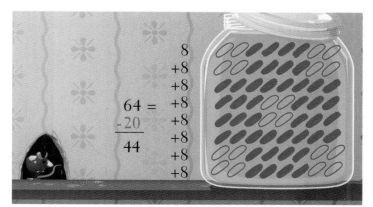

酸黄瓜

假设空缺位是五个正方形，每个里面有 4 根酸黄瓜。那么罐子里一共有 8 行酸黄瓜，每行有 8 根，共 64 根酸黄瓜。再减掉 20（5×4）根假设的酸黄瓜，实际有 44 根酸黄瓜。

$(8 \times 8) - (5 \times 4) = 64 - 20 = 44$

松果之床

把每一行多出的松果移到空白处，组成一个 9 行 7 列的长方形。一共有 63 颗松果。

$9 \times 7 = 7 + 7 + 7 + 7 + 7 + 7 + 7 + 7 + 7 = 63$

或者这样算，$9 \times 7 = (10 \times 7) - 7 = 63$

特别感谢哈利·布里格斯、利兹·斯扎布拉、大卫·卡普兰、斯蒂芬妮·勒克和丹尼尔·纳拉哈拉。

黑版贸审字 08-2019-237 号

图书在版编目（CIP）数据

食物中的数学 / (美) 格雷戈·唐 (Greg Tang) 著；
(美) 哈利·布里格斯 (Harry Briggs) 绘；小杨老师译
. —哈尔滨：哈尔滨出版社，2020.11
（创意数学：我的数学拓展思维训练书）
书名原文: MATH POTATOES:MIND STRETCHING BRAIN
FOOD
ISBN 978-7-5484-5077-1

Ⅰ.①食… Ⅱ.①格… ②哈… ③小… Ⅲ.①数学 –
儿童读物 Ⅳ.①O1-49

中国版本图书馆CIP数据核字(2020)第003848号

书　名：创意数学：我的数学拓展思维训练书. 食物中的数学
CHUANGYI SHUXUE:WODE SHUXUE TUOZHAN SIWEI
XUNLIAN SHU.SHIWU ZHONG DE SHUXUE

作　者：[美]格雷戈·唐 著　[美]哈利·布里格斯 绘　小杨老师 译
责任编辑：滕 达 尉晓敏　　　责任审校：李 战
特约编辑：李静怡 翟羽佳　　　美术设计：官 兰

出版发行　哈尔滨出版社（Harbin Publishing House）
社　　址　哈尔滨市松北区世坤路738号9号楼　　邮编：150028
经　　销　全国新华书店
印　　刷　深圳市彩美印刷有限公司
网　　址　www.hrbcbs.com　　www.mifengniao.com
E-mail　hrbcbs@yeah.net
编辑版权热线：（0451）87900271　87900272
销售热线：（0451）87900202　87900203

开　本　889mm×1194mm　1/16　印张：19　字数：64千字
版　次　2020年11月第1版
印　次　2020年11月第1次印刷
书　号　ISBN 978-7-5484-5077-1
定　价　158.00元（全8册）

凡购本社图书发现印装错误，请与本社印制部联系调换。
服务热线：（0451）87900278